最适合在家做的118道饮品

ZUISHIHE ZAIJIAZUODE 118DAOYINPIN

李菁◎著

辽宁科学技术出版社
·沈阳·

图书在版编目（CIP）数据

最适合在家做的118道饮品／李菁著. —沈阳：辽宁科学技术出版社，2011.9
ISBN 978-7-5381-7092-4

Ⅰ.①最… Ⅱ.①李… Ⅲ.①饮料—制作 Ⅳ.①TS27

中国版本图书馆CIP数据核字（2011）第165384号

出版发行：辽宁科学技术出版社
（地址：沈阳市和平区十一纬路29号　邮编：110003）
印 刷 者：辽宁彩色图文印刷有限公司
经 销 者：各地新华书店
幅面尺寸：168mm × 236mm
印　　张：8
字　　数：50千字
出版时间：2011年9月第1版
印刷时间：2011年9月第1次印刷
责任编辑：张歌燕
封面设计：黑米粒书装
版式设计：娜　娜
责任校对：刘　庶
摄　　影：陆地食色
场地提供：菁制美食咖啡厅

书　　号：ISBN 978-7-5381-7092-4
定　　价：32.00元

投稿热线：024-23284063
邮购热线：024-23284502
QQ：59678009
http：//www.lnkj.com.cn
本书网址：www.lnkj.cn/uri.sh/7092

目录
Contents

一 菁制咖啡

二 菁制热饮

三 菁制冰饮

特调冰饮

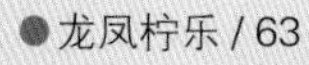

牛奶冰饮

冰沙

奶昔、酸奶、冰激凌

鲜榨果汁

一、菁制咖啡

J i n g z h i k a f e i

“有时，所谓人生，不过是一杯咖啡所萦绕的温暖。”日本名作家村上春树在品尝了香气馥郁的咖啡后，发出这样的感慨。与咖啡相遇的时光，总是优雅浪漫。没有咖啡的日子似乎缺少了一种味道，这浓郁醇香的液体，已是许多人一日不可或缺的伴侣。

意大利特浓咖啡

原料：

咖啡粉 7 克

制作：

1. 煮咖啡前先将咖啡杯用热水烫一下，这样可以让咖啡的美味持久一些。

2. 将 7 克（一杯咖啡的标准用粉量）的咖啡粉装入意式咖啡机，将磨粉机的压柄用中等力度压一下，以便让水均匀地通过咖啡粉，确保萃取出适量的咖啡液。

3. 按下咖啡机煮制钮。从按下按键起开始，约 25 秒结束。此时杯中就是做好的意大利特浓咖啡。

TIPS:

①选用粉碎程度合适的咖啡粉，磨得太粗的咖啡粉会使水通过得太快，浸取不足，煮出的咖啡既稀又淡。磨得太细的咖啡粉会使水通过太慢，浸取过度，咖啡味道过苦。

②一杯上好的意式特浓咖啡最重要的标志是它表面有一层浅驼色的乳剂（Crema）。乳剂应该颜色均匀，大约 3~5 毫米厚。轻摇咖啡杯，这层乳剂会像稠糖浆一样粘在杯壁上。乳剂如果呈深棕色甚至是黑色，表明咖啡萃取过了头；如果呈淡黄色，则表明咖啡还没有被充分萃取。

③咖啡的味道是微苦的，如果你不习惯苦味，那么加少许的奶是可以的，但是不要加糖和奶精，因为它们会阻碍脂肪的分解速度，人喝了以后不瘦反胖。还有就是喝咖啡最好喝热的咖啡，不但味道好，而且能提高消耗体内能量的速度。

美式咖啡

原料：

咖啡粉 7 克

制作：

1. 先做一杯意大利特浓咖啡。

2. 加入热水至八分满。

3. 撇去咖啡油脂即可。

TIPS:

“美式咖啡”（American coffe）是咖啡的一种，是最普通的咖啡。它是使用 Espresso 咖啡制作而成的，口味比较淡。咖啡厅里的美式咖啡通常会用意大利特浓咖啡加水制成。

美式咖啡比较适合家庭制作。采用家庭用滴滤式咖啡机，先将适量的水放入咖啡机中，再将滤纸放于滤纸篮内，装入研磨的咖啡粉，关上咖啡篮，打开电源即可。

拉花拿铁

原料：

咖啡粉 7 克，牛奶 1/2 奶缸

制作：

1. 用咖啡粉先做单份意大利特浓咖啡备用。

2. 把牛奶倒入奶缸，不要高于奶缸的 1/3。

3. 打开蒸汽开关，将蒸汽管口置于牛奶表面偏下方。让蒸汽进入要发泡的牛奶。

4. 用手碰触奶缸壁，如果温度已经很烫了，立即关闭蒸汽开关。

5. 牛奶打好奶泡后，倒入咖啡中，即形成自然的树叶图案。

TIPS:

拿铁是用咖啡、奶和奶泡按照 1∶1∶1 的比例做成的。由于奶的比例达到了 2/3，所以拿铁可谓是奶味浓郁的咖啡，又被称为牛奶咖啡，比较适合喜欢牛奶口味的人群。

调味拿铁

原料：

咖啡粉 7 克，牛奶 1/2 奶缸，MONIN 调味糖浆少许

制作：

1. 用意式咖啡机做成意大利特浓咖啡。

2. 将调味糖浆先放入杯中，再往杯中直接倒入意大利特浓咖啡。

3. 打热牛奶制成奶泡，倒入咖啡中即可。

TIPS：

法国 MONIN 糖浆起源于 1912 年，不含人工色素，口味纯正。可调配出千变万化、不同口味的咖啡。

跳舞拿铁

原料：

咖啡粉7克，牛奶200毫升，七彩米少许

制作：

1. 用7克咖啡粉做好一杯意大利特浓咖啡备用。

2. 用咖啡机的蒸汽管打热牛奶。打好后，倒入杯中，至四分满。将打好的奶泡，用吧勺挖入杯中，至六分满。从正中央上面慢慢倒入意大利特浓咖啡，至杯子的八分满，咖啡会在鲜奶与奶泡之间形成上下波动的状态，因此得名跳舞拿铁。

TIPS:

用意大利咖啡机制作奶泡，温度要控制在60~65℃，温度不能太高。倒咖啡时要在正中央慢慢倒才能形成牛奶—咖啡—奶泡的层次。

FLATWHITE 平白咖啡

原料：

咖啡粉 7 克，牛奶 1/2 奶缸

制作：

1. 用意式咖啡机做成意大利特浓咖啡。

2. 用咖啡机的蒸汽管打热牛奶，倒入咖啡中。

TIPS:

FLATWHITE 平白咖啡是南太平洋澳大利亚和新西兰等国家比较流行的一种咖啡。它的特点是由一份意大利特浓咖啡加上 1.5 倍的热牛奶组合而成。没有像卡布奇诺那样厚重的奶沫，适合不喜欢奶沫的人群。

卡布奇诺

原料：

咖啡粉 7 克，牛奶 1/2 奶缸

制作：

1. 先用咖啡粉做出一份意大利特浓咖啡备用。

2. 打热牛奶制成奶泡，倒入咖啡中。最后用勺子将奶沫盛放到咖啡表层，撒上肉桂粉和可可粉。

TIPS：

卡布奇诺是一种加入以同量的意大利特浓咖啡和蒸汽牛奶以及奶沫相混合的意大利咖啡。此咖啡的颜色就像卡布奇诺教会的修士在深褐色的外衣上覆上一条头巾一样，因此得名。传统的卡布奇诺咖啡是 1/3 浓缩咖啡，1/3 蒸汽牛奶和 1/3 泡沫牛奶。

摩卡咖啡

原料：

7 克咖啡粉，10 克可可粉，200 毫升牛奶

制作方法：

1. 将 7 克咖啡粉用意大利咖啡机萃取出一小杯浓缩咖啡。家庭制作可以用速溶咖啡。

2. 在 200 毫升牛奶中，加入 10 克可可粉，用蒸汽管打热，即可成可可牛奶。家庭没有蒸汽管可以用微波炉打热牛奶，然后融化可可粉。

3. 把可可牛奶倒入咖啡杯中，撒上可可粉，也可用巧克力酱挤花进行装饰。

TIPS：

摩卡咖啡是拿铁咖啡的一个变种，与拿铁经典的 1/3 浓缩咖啡与 2/3 牛奶组合相似，只是增加了一部分巧克力。

在家庭制作中如果没有可可粉，也可以用麦乳精，或用 2 块巧克力兑牛奶在微波炉里面加热融化混入咖啡即可。最简单的方法还可以用少量牛奶、2 小块巧克力加热融化后放入速溶咖啡粉，再冲入热牛奶。

焦糖玛奇朵

原料：

咖啡粉 7 克，糖浆 15 毫升，牛奶适量，焦糖适量

制作：

1. 先用咖啡粉做出一份意大利特浓咖啡倒入杯底，加 15 毫升糖浆搅匀。

2. 打热牛奶，将热奶泡以汤匙捞数匙铺满杯子。

3. 把焦糖装入挤瓶内，在奶泡上画图案。

TIPS:

玛奇朵，Machiato，意大利文的意思是“烙印”。焦糖玛奇朵是加了焦糖的 Machiato，代表“甜蜜的印记”。

维也纳咖啡

原料：

热咖啡 1 杯，鲜奶油适量，巧克力糖浆适量，七彩米少许

制作：

1. 将冲调好的咖啡倒入杯中，约八分满。

2. 在咖啡上面以旋转方式加入鲜奶油。

3. 最后加入巧克力糖浆并撒上七彩米装饰。

TIPS：

维也纳咖啡（Viennese）是奥地利最著名的咖啡，是一个名叫爱因·舒伯纳的马车夫发明的，也许是由于这个原因，今天，人们偶尔也会称维也纳咖啡为“单头马车”。雪白的鲜奶油上，撒落五彩缤纷的七彩米，扮相非常漂亮；隔着甜甜的巧克力糖浆、冰凉的鲜奶油啜饮滚烫的热咖啡，更是别有风味。

皇家咖啡

原料：

咖啡粉 7 克，白兰地 15 毫升，方糖 1 块

制作：

1. 先制作一杯美式咖啡备用。

2. 将咖啡勺平放在杯子上，在咖啡勺上放方糖，将白兰地酒淋在方糖上，最后将方糖点着火即可。

TIPS:

据说这是一代英雄、法国皇帝拿破仑最喜欢的咖啡，故以“Royal”为名。上桌时在方糖上淋上白兰地，再点上一朵火苗，华丽幽雅，酒香四溢，确有皇家风范。

冰咖啡

原料：

咖啡粉 14 克，冰块 10 块，矿泉水 200 毫升，砂糖少许

制作：

1. 用 14 克咖啡粉制作出双份意大利特浓咖啡备用，还可以加点儿砂糖放在咖啡里溶解。

2. 在杯中加入冰块，在做好的咖啡中加矿泉水至八分满即可。

分层冰拿铁

原料：

意大利特浓咖啡 45 毫升，鲜奶 90 毫升，奶沫适量，冰块适量

制作：

1. 在杯中先放好冰块，倒进鲜奶。

2. 再打热一杯牛奶，只选用奶沫部分倒入杯中。

3. 将意大利特浓咖啡缓缓倒入杯中，以达到分层的效果。

4. 最后在顶层再放上一层奶沫。

TIPS:

①分层冰拿铁实际上是利用了液体的不同比重，让比重小的液体浮于比重大的液体之上。制作的时候，最好在牛奶中搅拌些糖，这样可以加大牛奶的密度，使之沉在下面，而咖啡浮在上面，从而产生黑白分明的层次，形成如鸡尾酒般曼妙的视觉效果，让品尝咖啡成为味觉视觉的双重享受。

②放冰块是为了更好地让牛奶和咖啡分层。

③在鲜奶上面加入奶沫是为了更好地让咖啡和牛奶分层，此步骤不可缺少。

④倒咖啡的时候要慢慢地、一点一点地往牛奶里倒，可以用吧勺辅助。

摩卡可可

原料：

咖啡粉 14 克，巧克力冰激凌 1 个，巧克力酱 30 毫升，糖水 15 毫升，冰块 8 块，牛奶 100 毫升

制作：

1. 用 14 克咖啡粉制成一杯意大利特浓咖啡备用。

2. 把 4 块冰块放入咖啡杯中。

3. 在搅拌机中加入巧克力冰激凌、糖水、4 块冰块、牛奶、巧克力酱，搅拌好后倒入装好了咖啡的杯中。

4. 用打发奶油进行装饰。

薄荷冰咖啡

原料：

咖啡粉 14 克，冰块 8 块，薄荷酒 30 毫升，糖水 30 毫升，牛奶 150 毫升

制作：

1. 用 14 克咖啡粉制作双份的意大利特浓咖啡备用（用冰块制凉）。

2. 在杯中放入冰块，加入薄荷酒、糖水，加牛奶（分层），再慢慢倒入凉的咖啡，最后以打发奶油装饰即可。

漂浮冰咖啡

原料：

咖啡粉 14 克，冰块 10 块，香草冰激凌球 1 个，糖水 30 毫升，矿泉水适量

制作：

1. 用 14 克咖啡粉制作出双份的意大利特浓咖啡备用。

2. 在杯中放入冰块，加入做好的咖啡、糖水，加矿泉水至七分满，最后加入香草冰激凌球，使之漂浮于咖啡之上。

虹吸式咖啡

原料：

咖啡豆 15~22 克，水 110 毫升

制作：

1. 先把咖啡豆研磨成咖啡粉。

2. 将滤纸放在虹吸壶的上座中，固定上座和滤布的位置，并确定滤纸的位置是在中央，可以用竹勺进行调整。

3. 开火烧水，将虹吸壶的上座插入下座中。下壶水煮到 100℃沸腾。倒入适量的咖啡粉至虹吸壶的上座中。

4. 下座的水开始会沿着虹吸壶的中管上升，在一半的水量已经上升到上座时，以竹勺搅拌上座，将上座的咖啡颗粒和水搅拌均匀。

5. 以湿布覆盖、擦拭下座，使下座内的热空气急速冷却，压力变小，上面咖啡快速流下。

6. 这时，会看到上座的咖啡粉呈现一个小山丘状。

7. 拔开上座，将下座的咖啡倒入杯中，一杯虹吸式咖啡就完成了。

知识小宝箱（一）

咖啡虽然是个舶来品，但已经慢慢走进了人们的生活，深受大家喜爱。坐在一家咖啡厅，面对水单上眼花缭乱的咖啡名称，你会不会瞬间迷乱，不知道自己该怎么点咖啡呢？各款咖啡都有什么区别呢？这里便向大家讲述一些咖啡知识。

咖啡的分类

单品咖啡：

意为“单一品种的产地咖啡”。由于每个地区产的咖啡口味都不一样，或者偏苦，或者偏酸，后来人们尝试把不同产地和种类的咖啡豆拼在一起，根据一定比例，调配出某种混了很多种口味的咖啡。我们现在常喝的意式浓缩咖啡等都是拼配咖啡豆做出的咖啡；而蓝山、巴西、曼特宁、哥伦比亚等，显而易见都是地名，这种用地名来命名的咖啡就是单品咖啡。

拼配咖啡：

比较常见的是意式咖啡。咖啡师按一定比例把不同种类的咖啡豆拼配在一起，将其烘焙到法式或意式程度，再用意式咖啡机萃取而成。

花式咖啡：

指以意式咖啡作咖啡底，再在此基础上混入牛奶做出各式咖啡，比如拿铁、卡布奇诺、摩卡等。

咖啡礼仪

咖啡杯的正确拿法

通常咖啡杯的杯耳较小，手指无法穿过去。但即使用较大的杯子，也不要将手指穿过杯耳再端杯子。咖啡杯的正确拿法应是，拇指和食指捏住杯把儿，再将杯子端起。

咖啡匙的正确用法

咖啡匙是专门用来搅拌咖啡的，饮用咖啡时应当把它取出来。不要用咖啡匙舀着咖啡一匙一匙地慢慢喝，也不要用咖啡匙来捣碎杯中的方糖。

杯碟的正确使用

盛放咖啡的杯碟都是特制的。它们应当放在饮用者的正面或者右侧，杯耳应指向右方。饮咖啡时，可以用右手拿着咖啡杯的杯耳，左手轻轻托着咖啡碟，慢慢地移向嘴边轻啜。不宜满把握杯、大口吞咽，也不宜低下头去够着咖啡杯喝。

喝咖啡的注意事项

刚刚煮好的咖啡太热，可以用咖啡匙在杯中轻轻搅拌使之冷却，或者等待其自然冷却，然后再饮用。用嘴试图去把咖啡吹凉，是很不文雅的动作。

咖啡豆的种类

目前最重要的咖啡豆，主要来自两个品种，即 Coffea Arabica 及 Coffea Canephore。前者即所谓的阿拉比卡 (Arabica) 种咖啡豆，后者又称为 " 罗巴斯达 " (Robusta) 种咖啡豆。这两种咖啡豆的植株、栽培方式、环境条件、形状、化学成分，甚至后续生豆的加工方式皆有所不同。

一般说来，品质较好、较昂贵的咖啡豆，皆来自于阿拉比卡 (Arabica) 种的咖啡豆。 阿拉比卡 (Coffea Arabica) 占世界产量的 3/4，品质优良，由于咖啡树本身对热度及湿度非常敏感，故其生长条件是至少高于海平面 900 米的高原气候，产地海拔愈高，咖啡豆烘培出来的品质愈好。此品种咖啡因含量较低 (1.1%~ 1.7%)。咖啡豆的颜色呈绿色到淡绿色，形状椭圆，沟纹弯曲。

罗巴斯达 (Coffea Robusta) 约占世界产量的 20% ~30%。对热带气候有极强的抵抗力，容易栽培。在海拔 200~300 米的地方长得特别好。但特有的抵抗力亦使其浓度较高，口味较苦涩。其咖啡因含量较高 (2%~4%) 。咖啡豆的外形较圆，颜色为褐色，直沟纹。

二、菁制热饮

J i n g z h i r e y i n

寒冷的冬日，最温暖的事莫过于能喝上一杯热饮。一杯端在手中，传来丝丝暖流，喝上一口，暖流从上至下进入身体。冬季多喝热饮不但可以暖胃，还有助于身体吸收纤维素和营养，增加皮肤水分。一起来学做能量热饮吧，既能补充能量又能抗寒。

英式传统红茶

原料：

红茶包 1 包，牛奶少许，糖包一包，热开水适量

制作：

1. 在杯子里先倒入牛奶，再加茶包，最后倒入热开水。
2. 如果喜欢加糖，再加入糖包。

红茶是目前世界上产销最多的一种茶类。红茶色泽乌褐油润，冲汤后呈红色，香味浓厚，入口甜爽。红茶的鼻祖在中国，世界上最早的红茶由中国福建武夷山茶区的花农发明。严格说，红茶不是指茶的品种，而是一种茶叶的加工工艺。

Tea Culture

英国红茶文化

在当今世界上，除中国的茶文化之外，最有名的为东方的日本茶道文化及西方的英国红茶文化。

17 世纪时的英国，只有上流社会才喝得起的高级茶饮。一杯味道浓郁、颜色深沉的英国红茶曾经倾倒过无数的王室贵族，更为英国红茶文化增添了一种迷人的色彩。

英国人有 300 年饮红茶的历史，算得上是红茶的“发烧”国家，红茶中加糖、牛奶，是英国人餐后的必备饮料。

茶影响着英国的各个阶层，英国人在晨起之时，要饮早茶，他们早餐就以红茶为主要饮料。到了上午 10 点，要休息片刻，喝一杯工间休息茶。到了中午，吃了午餐之后，少不了配上一杯餐后茶。而后在下午 3 点半至 4 点左右还要来一杯下午茶。正式的晚餐在结束时也会以茶来收尾。 最后晚上睡觉前还要再来一杯晚茶。

品饮红茶是英国独有的文化，也是他们待客的礼节，在英国，红茶无所不在。英国赋予红茶优雅的形象及丰硕华美的饮用方式，长期以来并形成内涵丰富的红茶文化，借由宣传深入世人心中。

红茶介绍

印度、斯里兰卡、巴西、非洲和中国是世界上主要产红茶的国家。

较为常见的红茶有：锡兰红茶、阿萨姆红茶等。

锡兰红茶除了茶色是独特的橙黄色外，味道也较为温和，茶味淡雅而绵细；阿萨姆红茶则是以浓烈麦芽香，茶色清透鲜亮而闻名，口感圆润厚实，与牛奶性质十分搭配，很适合用来泡奶茶。

除此之外，不得不提到的是伯爵红茶。伯爵红茶通常是以口味较重的中国红茶或印度红茶为基茶，混合一种具有独特香味的佛手柑油后，就成为了伯爵红茶，口感清爽，有着阵阵香料的迷幻芳香，深受人们的青睐。

红茶的饮用

饮用红茶可随个人不同喜好和口味进行调制，喜欢酸的加柠檬，喜欢甜的加糖，喜欢辛辣的甚至可以加肉桂。当然，还是以加牛奶后饮用最为普遍。

伯爵奶茶

原料：

伯爵茶包 1 包，热开水适量，牛奶和糖少许

制作：

1. 在杯中加入开水至八分满，把茶包浸入其中。
2. 茶包浸入开水中后反复拉起、过滤再浸泡，直至汤色深浓、茶味香郁，然后去除茶包。
3. 最后加入牛奶和糖。

TIPS:

“伯爵红茶”是英式红茶中最富盛名的。伯爵红茶是由印度红茶、金盏花、红花、意大利天然柠檬油等和印度锡兰红茶组合而成。沏泡伯爵红茶后，那种神秘的幽香会扑鼻而来，让人回味无穷。

柠檬红茶

原料：

红茶包 1 包，柠檬 2~3 片，糖包 1 包，热开水适量

制作：

1. 先将红茶包用热开水泡开。
2. 待温度降至 60℃后，加入柠檬片。
3. 视需要加入糖包。

TIPS:

柠檬红茶具有柠檬的清香味道，可健胃整肠，有助消化，颇适合餐后饮用。此外还可滋润肌肤，促进血液循环，活化细胞等。

柠檬富含维生素，对改善血压、缓和神经紧张、帮助消化和分解体内毒素都有一定的辅助作用。

热水果红茶

原料：

红茶包 1 包，苹果、梨、橙子、奇异果等各少许，蜂蜜 10 克，浓缩橙汁少许

制作：

1. 将所有水果洗净(奇异果去皮，其他不用去皮)、切块或者薄片备用。

2. 取一茶壶，放入茶包及水果，接着注入一壶开水冲泡。

3. 稍凉后加蜂蜜和橙汁调味即可。

TIPS:

①如果有时间，用小火煮一下味道会更浓，水果的香味会渐渐散发出来。

②如果不用橙汁，也可用橘子果酱。但橘子果酱有些混浊，用橙汁制作的水果茶成品更漂亮。

③不放橙汁也可以，就用水果加冰糖，非常原汁原味，很天然。

菊花枸杞茶

原料：

菊花 3 克，枸杞 10 粒，冰糖 2 勺，开水适量

制作：

1. 将菊花、枸杞放入壶中。
2. 加入开水至八分满即可。
3. 依个人口味加入冰糖。

八宝茶

原料：

绿茶3克，枸杞5克，葡萄干5克，干菊花3朵，红枣4枚，甘草1克，冰糖30克，干桂圆肉5克，滚开水250毫升

制作：

1. 将枸杞、葡萄干、干菊花、红枣、甘草和干桂圆肉用水洗净，放入小碗中，注入50毫升的开水。

2. 将冰糖和绿茶放进茶杯中，再放入洗净后的枸杞、葡萄干、干菊花、红枣、甘草和干桂圆肉。

3. 将余下的开水(200毫升)倒入杯中，盖上盖子，闷约8分钟即可饮用。

TIPS：

冰糖沉于杯底不易彻底溶化，将八宝茶冲泡好后可用小勺或搅拌棒轻轻搅动，令冰糖的甜味均匀地融进八宝茶中。

玫瑰蜂蜜茶

原料：

玫瑰花数朵，蜂蜜少许

制作：

1. 将玫瑰花放入杯中，冲进沸水，待玫瑰慢慢绽开。
2. 待水温降到 60℃时再添加蜂蜜，否则会破坏蜂蜜的营养成分。

TIPS：

此茶气味芬芳，味甘微甜，不仅可促进食欲，还可活血行气，调经止痛，是治疗女性的妇女病症的良药，长期服用，效果显著。

玫瑰薄荷茶

原料：

干玫瑰花数朵，薄荷叶 2 片，冰糖少许，热水 200 毫升

制作：

1. 将薄荷叶和玫瑰花一起放到茶杯中，加入热水 200 毫升。
2. 加入冰糖调味。

TIPS：

①冲泡水温在 95℃左右为宜。

②除玫瑰花外，也可加入菊花、桂花、茉莉花等干花一起冲泡；也可按照自己喜爱的口味加入其他品种果片，如柠檬片等。

玫瑰洋参茶

原料：

西洋参片 20 克，玫瑰花数朵

制作：

1. 将玫瑰花、西洋参片放入杯中，加入适量沸水。
2. 加盖闷约 5 分钟，即可饮用。

竹叶玫瑰茶

原料：

干竹叶 1.5 克，玫瑰花数朵，蜂蜜 15 毫升

制作：

1. 将干竹叶、玫瑰花放入杯中，加入开水至八分满。
2. 加入蜂蜜，搅拌即可。

洛神花茶

原料：

洛神花 3~5 克，冰糖或蜂蜜少许

制作：

1. 先把洛神花用温开水冲泡。
2. 再加入适量的冰糖或蜂蜜，代茶饮。

TIPS:

洛神花又名玫瑰茄，具有清热解渴、帮助消化、利尿消肿、养血活血、养颜美容、消除宿醉等作用，此外还能消除疲倦，改善便秘，对皮肤粗糙、肥胖都有帮助。长期饮用此茶，有助于降低人体血液中的总胆固醇值和甘油三酯值，达到防治心血管疾病和减肥的功效。

热橘茶

原料：

金橘3~4颗，绿茶茶包1包，浓缩橘汁或百香果汁1小勺

制作：

1. 首先把水烧开，把绿茶茶包用热水冲泡好。
2. 3分钟以后取出茶包，把金橘对切或呈片状，放入茶水中。
3. 倒入橘汁，略闷片刻即可。

TIPS：

金橘具有生津消食、化痰利咽、醒酒的作用，是脘腹胀满、咳嗽痰多、烦渴、咽喉肿痛者的食疗佳品。常食金橘可增强机体的抗寒能力，防治感冒。

姜枣茶

原料：

白萝卜 5 片，生姜 3 片，大枣 3 颗，蜂蜜 30 毫升

制作：

1. 将萝卜片、生姜片、大枣加水适量，煎沸约 30 分钟后去渣。

2. 待温度降到 60℃时加蜂蜜即可。

TIPS：

萝卜有清热生津、凉血止血、化痰止咳等作用；生姜有散风寒、止呕下气作用；大枣有和胃养血及调和药物作用；蜂蜜则有润燥止咳作用。

柠檬蜂蜜水

原料：

柠檬 3 片，温开水 500 毫升，蜂蜜 45 毫升

制作：

1. 柠檬洗净切片。
2. 将切好的柠檬片放入温开水中。
3. 调入蜂蜜搅匀即可。

玉米牛奶

原料：

玉米1根，牛奶1杯，糖少许

制作：

1. 将牛奶和玉米粒一起放入搅拌器搅拌2分钟。

2. 把搅拌好的牛奶玉米汁倒入奶锅煮沸，煮的时候要不断搅动，避免煳锅底。

3. 做好后适量加糖调味。

TIPS：

牛奶营养丰富，易消化吸收，且物美价廉、食用方便，是最“接近完美的食品”，人称“白色血液”，是最理想的天然食品。玉米含有较多的谷氨酸，有健脑作用，它能帮助和促进脑细胞进行呼吸，在生理活动过程中，能清除体内废物。将二者结合，是一款不可多得的家庭健康饮品。

红豆牛奶

原料：

红豆 2 勺，牛奶 1 杯，糖 1 勺

做法：

1. 红豆洗净，泡 2 小时，蒸 30 分钟。

2. 另取一个锅煮牛奶，放红豆煮沸，大火煮 10 分钟，关小火煮 30 分钟，加糖调味即可。

TIPS:

红豆牛奶具有补气血、增加肝脏功能的作用，还可消除因气血不顺而造成的脸色苍白，并能帮助排除体内的毒素与消除脂肪。热饮、冷饮均可。

热巧克力

原料：

巧克力粉两勺半，热牛奶 150 毫升

制作：

将巧克力粉和热牛奶一起搅拌均匀即可。

TIPS:

巧克力真的会让人发胖吗？其实，只有食用巧克力过量才会使人发胖。从所释放的热量上看，根本不用担心巧克力会有让人发胖的危险。一整板的巧克力（100 克）所含的热量，并不比一份炸土豆条（200 克）所含的热量高。

酒香维也纳巧克力

原料：

淡奶油 40 毫升，牛奶 220 毫升，糖 1 汤匙（不喜欢甜的可省略），法国白兰地 1/4 汤匙（可省略），巧克力 40 克

制作：

1. 将淡奶油打发后放冰箱里冷藏备用。
2. 把巧克力细细切碎，和牛奶以及糖一起放锅中煮沸，即成巧克力奶，再倒上白兰地酒。
3. 把打发好的奶油像挤蛋糕花那样在热巧克力上面挤一圈。边喝热巧克力，边品冰凉的奶油，可体会到冰火两重天的感觉。

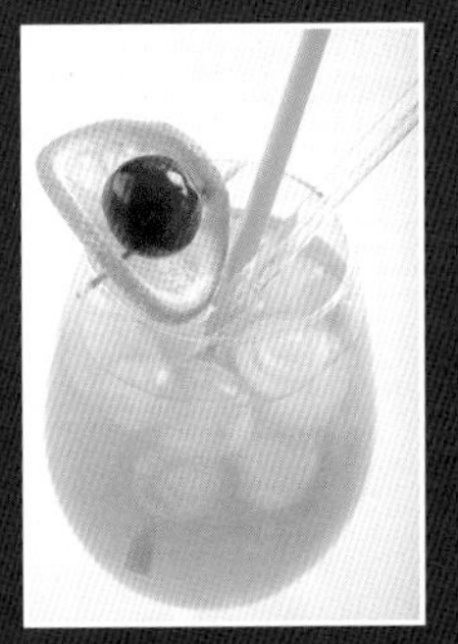

三、菁制冰饮

Jingzhibingyin

夏日炎炎，暑热难熬。安坐家中，以一份愉悦宁静的心情自制一杯冰饮，徐徐喝下，品在口中，凉在心田！或阅读，或赏歌，获得的不单是身体上的清凉，还有一份置身世外的悠然心情。

老北京酸梅汤

原料：

乌梅、山楂各若干，冰糖适量

制作：

1. 将乌梅、山楂洗净，放凉水中浸泡 5 分钟。

2. 将洗好的乌梅、山楂放入锅中，加适量清水。

3. 大火烧开后转小火煮 1 小时左右。

4. 水颜色变深后，加适量冰糖熬煮几分钟。

5. 放凉后加冰块即可。

冰红茶

原料：

开水 110 毫升，红茶茶包 1 包，冰糖适量，冰块若干

制作：

1. 在茶壶中注入 110 毫升滚烫的热开水。

2. 放入红茶茶包，盖上壶盖，闷置 5 分钟。

3. 将茶包取出。

4. 略凉，加入适量冰糖。

5. 加入大量冰块。

TIPS:

冰红茶是意外被发明的。1904 年夏天，一位茶商理查（Richard Blechynden）参加在美国圣路易市举办的世界博览会时，试图向人推销自己的红茶，但由于盛夏酷暑难耐，连理查自己都喝不下手中那杯热腾腾的红茶。正当灰心之余，一堆冰块意外掉进手边泡好的一桶热红茶中，理查想想丢掉也可惜，便盛一杯来喝，顺便解渴，没想到这冰红茶清凉畅快，理查灵机一动，转卖冰红茶，竟销售一空。这便是冰红茶的由来。

菠萝橙子冰茶

原料：

红茶茶包 1 个，菠萝浓缩汁 30 毫升，橙汁 30 毫升，冰块 6 块，糖水 20 毫升，新鲜菠萝粒少许，新鲜橙子少许

制作：

1. 在茶壶中注入 110 毫升滚烫的热开水。

2. 放入红茶茶包，盖上壶盖，闷置 5 分钟。

3. 将茶包取出，加入糖水。

4. 略凉，加入菠萝粒和橙子肉。

5. 加入菠萝浓缩汁、橙汁及冰块即可。

水果清凉红茶

原料：

红茶包 1 包，苹果、梨、橙子、奇异果等各少许，薄荷叶少许，蜂蜜 10 克，浓缩橙汁少许，冰块适量

制作：

1. 将所有水果洗净（奇异果去皮，其他不用去皮）、切块或者薄片备用。

2. 取一茶壶，放入茶包并冲入开水。

3. 茶泡好后加入水果，稍凉，加蜂蜜和橙汁调味。

4. 加入大量冰块，放入薄荷叶。

台北鲜橘茶

原料：

金橘酱 2 勺，绿茶 1 包，新鲜金橘 5 片，青柠汁 5 毫升，糖水 5 毫升

制作：

1. 杯中倒入开水，放入茶包，泡一会儿。

2. 然后加入金橘酱，新鲜金橘切片。（如果有搅拌机打碎金橘放入饮品中效果更好）

3. 加入青柠汁、糖水，搅拌均匀即可。

阳光味道

原料：

菠萝汁 40 毫升，蔓越莓汁 40 毫升，橙汁 30 毫升，番石榴汁 30 毫升

制作：

将上述各种原料放入摇杯里摇匀，使之充分混合。

TIPS:

这款饮料果香浓郁，充满了阳光的味道。最后杯饰放上黄色的柠檬片和红红的糖制樱桃，颜色上更加丰富。

柚子冰茶

原料：

红茶 1 包，柚子酱 1 勺，糖水 15 毫升，冰块 8 块

制作：

1. 将红茶泡好备用。

2. 在摇壶中加入冰块、糖水、柚子酱、泡好的茶水，摇晃均匀。

3. 将摇匀后的冰饮倒入加了冰块的杯中即可。

木瓜蜂蜜糖水

原料：

木瓜 1 个，蜂蜜适量，水适量

制作：

1. 将木瓜皮削去，去籽，切片。

2. 将木瓜片放入锅中，加适量水煮，水滚开后改用中火继续煮 30 分钟。

3. 放蜂蜜调味后即可饮用。

TIPS:

木瓜味甘，性平微寒，能助消化，健脾胃，润肺、止咳、消暑解渴。蜂蜜生能清热，熟则性温、补中，甘而平和，解毒，润燥。此款饮品还可把木瓜直接切小块放打碎机中与蜂蜜一起搅打，随即饮用。

心花怒放

原料：

矿泉水 200 毫升，鸡蛋黄 1 个，柠檬汁 15 毫升，蜂蜜 30 毫升，浓缩橙汁 30 毫升，冰块 8 块，红石榴汁少许

制作：

1. 在搅拌机中加入矿泉水、鸡蛋黄、柠檬汁、蜂蜜、浓缩橙汁、冰块，搅拌均匀。

2. 将搅拌好的饮品倒入杯中，用红石榴汁点滴在杯壁上装饰即可。

美荔柚惑

原料：

荔枝 6 颗，西柚或者普通柚子半个，蜂蜜少许

制作：

1. 将荔枝去皮，去核，切成小块。

2. 将柚子去皮，留柚子肉，切小块。

3. 将荔枝、柚子肉放到搅拌机中，倒入适量水，加少许蜂蜜，搅打均匀即可。

TIPS:

如果有西柚浓缩汁或者西柚果汁，可以添加进去 1~2 勺，味道更浓，颜色更漂亮，西柚汁有淡淡的粉色。加蜂蜜可以降荔枝的火气。

荔枝好吃，但有“一日色变，二日香变，三日味变，四日色香味尽去”的特点。荔枝的保鲜非常困难。而且，如果荔枝比较多，吃多了会上火，也吃不了那么快，怎么办呢？

这里有两个不错的保存荔枝的方法与大家共享。

方法一（冷藏法）：

首先，在购买的时候就要买新鲜的荔枝。新鲜的荔枝色泽鲜艳，个大均匀，皮薄肉厚，肉嫩多汁，味甜，富有香气。挑选时可以先在手里轻捏，好荔枝的手感应该发紧而且有弹性。

然后，将荔枝逐颗剪下（留一点小蒂头），尽量不要伤及外壳，然后用一小汤匙盐和水混合后，将荔枝浸入盐水后捞起，随即放进塑胶袋中，置于冰箱底层，一星期内，荔枝仍可保持原来色泽，且风味依旧。

通常荔枝吃多了会上火，比较燥热，泡在加了盐的水里5分钟，除了可以维持荔枝的水分之外，还让爱吃荔枝的人吃多了也不上火。

方法二（冷冻法）：

把荔枝用水洗干净，轻轻剥掉它外面的一层红壳，保留荔枝内的那层膜，以防止荔枝的水分丧失，也避免和其他食物串味。将剥好的荔枝放在一个个小保鲜袋中，把袋口扎紧，放进冰箱的冷冻室。随吃随拿随解冻。用这种方法保存的荔枝可保质50天。就算是过了荔枝上市的季节，照样可以吃上新鲜的荔枝。

知识小宝箱（三）

炎热的夏季，让人燥热难熬，此时一杯冰凉的饮品可以瞬间冷却身心的炎热，抵挡酷暑的侵袭。

制作冰饮并不难。只要掌握基本小技巧，卫生、新鲜又适合自己口味的饮料自己在家就能做出来！

冰饮制作攻略

1. 基本计量知识

1大勺=15毫升，1小勺=5毫升，1/2小勺=2.5毫升，1/4小勺=1.25毫升

2. 制作碎冰

以果汁机制作果汁，冰块可放入塑料袋里或用厚毛巾裹着敲碎，然后放入果汁机和其他原料一起搅打。

3. 苏打汽水

自制冰饮的常用原料是苏打汽水，也可以雪碧代替，但不可以用雪克杯与其他原料一起来回晃动。

4. 自制糖水

将细砂糖和水按1∶1比例煮滚，制成糖水，一次可以多做些，盛在干净的瓶子里，放入冰箱冷藏备用，随用随取，可以用很长时间。但要注意保持糖水洁净，不沾染其他味道和物质。

5. 浓缩果汁

如果要使用100%水果原汁，请在使用前加入1倍的冷开水稀释。如果用超浓缩果汁，需要按1∶5的比例与水稀释后搅匀使用。

蜂蜜柚子茶

原料：

柚子 1 个，冰糖适量，蜂蜜适量

制作：

1. 将柚子洗净，擦干后用削皮器削下果皮，切成细丝。柚子皮上的白瓤越少越好，因为柚子茶的苦味全来自于它。

2. 剥出果肉，用果汁机打碎，不打也可以，反正要进锅煮。

3. 把冰糖、柚子皮、果肉一起放进锅内，加一小碗水，煮 1 小时左右，至黏稠状。

4. 放至冷却后加入适量蜂蜜。

5. 装入密封的容器，放置 3~10 天。

TIPS:

刚做好的蜂蜜柚子味道微苦，3 天后再吃，味道最佳。

可以冲水喝，一勺柚子茶放 3 倍左右的水；也可以直接用调羹舀着吃。

柚子性味酸、寒，无毒。具有行气、消食、除痰、解酒毒、镇痛等各种功能。将柚子的维生素 C 和蜂蜜中的 L– 半胱氨酸放在一起，是击退色斑的最强食材组合！

雨林水果茶

原料：

浓缩橙汁 30 毫升，浓缩桃汁 15 毫升，浓缩百香果 15 毫升，红茶包 1 包，石榴红糖水少许，冰块少许

制作：

1. 在锅中倒入开水，放入茶包，稍煮一会儿。

2. 拿出茶包后加入浓缩橙汁、浓缩桃汁、浓缩百香果及石榴红糖水。

3. 调好后倒入杯中加冰块即可。

凤梨木瓜汁

原料：

凤梨 45 克，木瓜 45 克，苹果 1/4 个，柳橙 1 个，糖水 30 毫升，凉开水 80 毫升，碎冰 30 克

制作：

1. 凤梨果肉切小块。

2. 木瓜去皮、去籽后切小块。

3. 柳橙对切，榨出柳橙汁。

4. 将切好的凤梨、木瓜与苹果放入打碎机中，倒入柳橙汁、糖水、凉开水及碎冰，高速搅打 30 秒。

TIPS:

此款饮品健脾胃、助消化、清暑解渴、润肺止咳。

香甜玉米汁

原料：

甜玉米 1 根，蜂蜜少许

制作：

1. 甜玉米去皮洗净后，用刀顺着玉米棒切下玉米粒。

2. 把玉米粒倒入锅中，加入清水，大火煮开，撇去浮沫，再改成中小火煮 10 分钟左右。

3. 稍凉后将玉米粒连同汤汁一起倒入搅拌机中，搅打出浆。

4. 将打好的玉米浆过滤。

5. 根据个人口味加入蜂蜜调味。

蜜柚汁

原料：

柚子1/2个（胡柚、葡萄柚均可），蜂蜜糖水30毫升，凉开水30毫升，碎冰120克

制作：

1. 把柚子洗净，榨汁。

2. 将柚子果汁和其他原料倒入打碎机中搅打20秒即可。如果没有打碎机，直接放杯中混合即可。

TIPS：

柚子本身营养丰富，维生素C的含量是柠檬和橙子的3倍。钙的含量更是比苹果、梨、香蕉等水果高10倍。柚子还含有丰富的天然枸橼酸和各种无机盐类，不仅有助肝、胃、肺等机能，而且还有清热去火、止咳化痰的功效。由于加入了天然蜂蜜更增加了人体所需的微量元素，使这款饮品具有养颜美容、润喉止咳、预防感冒、帮助消化的功效。

秘制果蔬饮

原料：

草莓 2 粒，薄荷叶 3 片，黄瓜皮 2 片，橙子 1 片，柠檬 1 片，雪碧 1 听，浓缩柠檬或浓缩橙汁 15 毫升，冰块 3 块

制作：

1. 在杯中先放入冰块，再倒入雪碧至七分满。

2. 倒入浓缩橙汁，搅拌均匀。

3. 加入草莓、薄荷叶、黄瓜皮、橙子片、柠檬片。

龙凤柠乐

原料：

咸柠檬 1/2 个，可乐 1 听，鲜柠檬 1/2 个，冰块若干

制作：

1. 先将 1/2 个咸柠檬搅拌至碎。
2. 加入可乐和冰块，冰块与水的比例为 1∶1。
3. 再加入 1/2 个鲜柠檬，搅拌均匀即可。

TIPS:

咸柠檬产自泰国，经过传统方法腌制，因为有了盐分的搭配，让柠檬的独特“魅力”充分发挥出来。清新、降火、消暑、消脂，口感独特。当喉咙干涩沙哑时，一杯咸柠檬水就功效立现。

咸柠七

原料：

咸柠檬 1/2 个，鲜柠檬 1/2 个，七喜 1 听，冰块若干

制作：

1. 把咸柠檬放入杯中。

2. 加入冰块。

3. 倒入七喜。

4. 最后加入咸柠檬。

TIPS:

咸柠七，就是把新鲜柠檬切片，然后加入一粒小小的腌制咸柠檬，再加入冰冻的可乐或者七喜。咸柠七中和了七喜的甜，带给人清香爽口的多重感觉。

此款饮品的正确饮用方法是：用长把吧勺，将两种柠檬经过充分地浸泡搅拌，它们各自的精华才能与液体融合，那样，才会有一种最特别的爽快味道。整个浸泡过程不能着急，要至少等上 3 分钟再喝，即到柠檬和冰块以及碳酸汽水中的气泡相互碰撞，晶莹细密的水珠将两种柠檬包围，柠檬片的清香慢慢溢出时，就是最佳品尝时机。

绿薄荷苏打

原料：

MONIN 绿薄荷果露 15 毫升，苏打水 1 听，冰块 5 块

制作：

1. 在杯中先放入冰块，倒上绿薄荷果露。

2. 再倒入苏打水至八分满即可。

夏日鲜果苏打

原料：

各式水果少许，苏打水 1 听，冰块 5 块，红石榴汁少许

制作：

1. 在杯中加入冰块和各式水果，再倒入苏打水至八分满。

2. 把红石榴汁滴入杯底。

分层茶

原料：

伯爵茶 5 克，热开水 100 毫升，凉开水 80 毫升，冰块 50 克，葡萄柚汁 100 毫升，柠檬片 1 片，细砂糖 20 克

制作：

1. 先用热开水将茶泡好。

2. 将细砂糖倒入杯中，以增加茶的比重。

3. 再往杯里倒入凉开水，加入冰块，然后慢慢注入茶水。

4. 慢慢加入葡萄柚汁，最后以柠檬片装饰。

夏日诱惑

原料：

荔枝果汁50毫升，芒果果汁50毫升，蔓越莓果汁50毫升，冰块适量

制作：

1. 在杯子里放入冰块。

2. 缓慢将荔枝果汁、芒果果汁、蔓越莓汁一起倒入杯中。

TIPS:

在玻璃杯中依次加入等量的荔枝果汁、芒果果汁和蔓越莓果汁，营造出活泼的配色。荔枝清爽的味道调和了芒果的酸甜和蔓越莓的微酸，口感独特。

蜂蜜柠檬姜饮

原料：

柠檬 1 个，姜 2 片，苏打水 1 听，蜂蜜 1 勺，冰块适量

制作：

1. 将新鲜的柠檬榨汁备用。

2. 在杯子里放入冰块、姜片，倒入苏打水和柠檬，调入蜂蜜即可。

TIPS:

①用新鲜的柠檬榨汁和蜂蜜调和出温和甜蜜的口感。

②加入姜片和苏打水，会有姜汁汽水的清凉感觉。

姜汁汽水菠萝茶

原料：

红茶包 1 包，热开水 125 毫升，凉开水 75 毫升，菠萝汁 50 毫升，柠檬汁 5 毫升，糖水 5 毫升，姜汁汽水 200 毫升，冰块 50 克

1. 用热开水将红茶包泡好备用。

2. 在泡好的红茶中加入凉开水和冰块使其成为冰茶。

3. 将菠萝汁、冰茶、柠檬汁、糖水一起倒入杯中。

4. 最后缓慢注入姜汁汽水。

TIPS:

要等到最后才放姜汁汽水，这样可以减少二氧化碳的释放。

水果宾治

原料：

各式水果，柠檬汁 5 毫升，汽水 100 毫升（可以用雪碧、苏打水或者姜汁汽水），红茶水 100 毫升，冰块适量

制作：

1. 在冲泡好的红茶中加入冰块使其成为冰茶。

2. 将冰茶倒入大玻璃碗中，然后加入水果、柠檬汁和汽水。

3. 在玻璃杯中放好冰块，把碗中的汽水倒入玻璃杯中即可。

TIPS：

宾治是水果鸡尾酒的一种。一般用大玻璃碗盛放，是聚会和宴会上不可缺少的饮料。口感不刺激，非常大众化。

果香可乐

原料：

番石榴汁 30 毫升，柠檬汁 30 毫升，可乐 1 听，冰块适量

制作：

1. 先在杯内注入 4~5 块冰块。

2. 依次加入番石榴汁和柠檬汁。

3. 最后加入可乐即可。

TIPS:

最具人气的饮料可乐也可以百般变化。在可乐中加入番石榴和柠檬的风味，使之摇身一变成为又一款新鲜的果香饮品。

柠檬可乐

原料：

冰镇可乐 250 毫升，柠檬 1 个，柠檬汁少许，冰块适量

制作：

1. 先把柠檬洗净切片。

2. 杯中加入冰块。

3. 放入 1~2 片柠檬，加柠檬汁，倒入冰镇可乐即可。

TIPS:

①在很多水吧都有柠檬可乐这个饮品。但要想做得好喝还是有一些秘诀的。不能只是把柠檬切薄片放入可乐里。应该在加入柠檬之前挤入少量的柠檬汁，味道会更浓郁。

②如果加太多冰会把可乐的甜味冲淡，所以建议先把可乐冰镇之后再加入少量冰块。这样做出来的柠檬可乐味道才是最棒的。

柚子果汁汽水

原料：

柚子 1 个，蜂蜜 100 毫升，汤力水 1 听，苏打水 1 听，冰块大量

制作：

1. 将柚子洗净切片。

2. 将柚子片都浸泡在蜂蜜中，兑入汤力水和苏打水。

3. 喝时加入冰块搅拌后盛杯中。

TIPS:

柚子与汤力水和苏打水的比例控制在 2：4：4，这样口感最好。

啤酒苏打饮

原料：

淡味啤酒 100 毫升，柠檬汽水或者苏打水 100 毫升

制作：

将啤酒与柠檬汽水混合即可。

TIPS:

啤酒是以麦芽为原料，添加酒花，经酵母发酵酿制而成的含有二氧化碳的低酒精度酿造酒。啤酒的主要原料是大麦、水、酵母和酒花。啤酒营养丰富，素有“液体面包”之称。啤酒具备营养食品三个重要条件：一是啤酒含有多种氨基酸；二是啤酒含有较高的发热量；三是啤酒易被人体消化和吸收。啤酒中这些营养成分都以溶解状态溶于啤酒中。

天使之吻

原料：

咖啡蜜 15 毫升，牛奶 15 毫升

制作：

把咖啡蜜倒入鸡尾酒杯里，然后缓慢倒入牛奶。咖啡蜜在下，牛奶在上。

TIPS：

轻轻喝掉上层的淡奶，可以看到咖啡蜜从中心往边缘涌出，形状像极了一个嘴唇，因此名为“天使之吻”。

金汤力

原料：

金酒 30 毫升，汤力水 1 听

制作：

1. 先将金酒倒入水杯中。

2. 上面加入汤力水至八分满，摇匀。

TIPS:

汤力水是一种碳酸化合物，因含二氧化碳，可助消化，并能促进体内热气排出，产生清凉爽快的感觉，并有一定杀菌功能，也可补充水分。汤力水有很多品种：果汁型，果味型，可乐型和通用型。常用的是通用型，经过纯化的饮用水中压入二氧化碳，并添加甜味剂和香料，一般都会用作调配酒类、运动饮料类和功能性饮料。

薄荷奶咖

原料：

咖啡 70 毫升，牛奶 70 毫升，薄荷糖浆 10 毫升，打发奶油少许，冰块适量

制作：

1. 将薄荷糖浆放入茶杯中。
2. 倒入牛奶。
3. 加入冰块。
4. 慢慢倒入咖啡。
5. 再挤一点奶油放在上面即可。

健康豆奶饮

原料：

牛奶 1 杯，大豆蛋白粉 10 克，蜂蜜适量

制作：

1. 将牛奶煮沸，然后加入大豆蛋白粉。
2. 略凉后加蜂蜜调匀即可。

TIPS:

有观点认为牛奶和豆浆不能一起喝。因为豆浆中含有一种“胰蛋白酶抑制剂”，会妨碍其他食物中蛋白质的吸收。不过，只要经过烹调加工，大豆中的胰蛋白酶抑制剂就会大部分失活。所以豆浆的加热时间最关键，最好沸腾之后再小火加热 8 分钟，保证胰蛋白酶抑制剂的破坏率达到 90% 以上。既然豆浆中的胰蛋白酶抑制剂经加热失活了，也就不会妨碍牛奶中蛋白质的吸收，两者同饮，应当是毫无问题的。

冻奶茶

原料：

立顿红茶 1 包，雀巢三花淡奶 1 盒，糖适量，热开水 150 毫升，冰块适量

制作：

1. 把红茶包放在 150 毫升热水里，加入三花淡奶，在锅中烧煮。
2. 煮至滚开后继续煮一小会儿。
3. 放凉后倒入杯中，杯中放大量冰块，根据个人口味决定加糖的多少。

TIPS:

本饮品属港式奶茶。港式奶茶是一种香港独有的饮品，以其茶味重、偏苦涩、口感爽滑且香醇浓厚为特点。制作方法较为复杂，要经过拉茶工序以保证奶茶中保留茶叶的浓厚。家庭制作以立顿红茶包代替。港式奶茶入口的感觉是先苦涩后甘甜，最后是满口留香。但港式奶茶含有较高的热量，长期大量饮用会使血脂和胆固醇升高。奶茶虽好，不宜贪杯。

鸳鸯奶茶

原料：

红茶 1 包，热水 100 毫升，三花淡奶 40 毫升，方糖 1 块，咖啡 100 毫升

制作：

1. 将红茶用 100 毫升热水浸泡，泡时上下晃动红茶包，这样可以更好地让红茶溶在茶水中。
2. 加入 40 毫升的三花淡奶，搅匀。
3. 加入 1 块方糖。
4. 再加入 100 毫升咖啡，搅匀。冷热皆可饮用。

TIPS：

鸳鸯奶茶是香港特产饮品，常见于香港的茶餐厅。制法是混合了一半的咖啡和一半的港式奶茶，集合了咖啡的香味和奶茶的浓滑。

蜂蜜奶茶

原料：

立顿红茶 1 包，雀巢三花淡奶 50 毫升，蜂蜜适量，热水 150 毫升

制作：

1. 把红茶包放在 150 毫升热水中。
2. 加入三花淡奶，在锅中烧煮，煮至滚开后继续烧一小会儿即可。
3. 放凉后倒入杯中，待温度降到 60℃以下时加入蜂蜜搅拌均匀。

玫瑰奶茶

原料：

红茶包1包，干玫瑰花5朵，玫瑰糖浆1小勺，牛奶半杯，糖少许

制作：

1. 将玫瑰花用开水浸泡，直到玫瑰花变软，发出香气，再放入红茶包，闷置2分钟。

2. 加入少许糖，搅拌均匀。

3. 最后加入牛奶即可。

TIPS：

玫瑰奶茶充满着香气，喝起来犹如置身在玫瑰花园中，又有排毒、养颜美容、补充钙质之效。

泡沫奶茶

原料：

红茶包2包，牛奶10毫升，蜂蜜少许，热开水150毫升，冰块适量

制作：

1. 将茶包以热水冲泡5分钟，浸出浓浓的茶汤。

2. 在调酒器内放入1/3~1/2的冰块。

3. 在调酒器内加入两汤匙的蜂蜜。

4. 再加入已经放凉至常温的茶。

5. 盖上调酒器的盖子迅速摇动，摇晃30下左右就会出现泡沫。

6. 将调制好的奶茶倒入杯内，小心地让泡沫浮在上面。

木瓜牛奶

原料：

木瓜 100 克，鲜奶 90 毫升，蛋黄 1 个，糖水（或蜂蜜水）30 毫升，凉开水 60 毫升，碎冰 60 克

注：糖水可以用蜂蜜水代替。

制作：

1. 木瓜去皮、去籽后切小块。
2. 将木瓜块和其他原料一起放入搅拌机中，以高速搅打 30 秒。

TIPS:

木瓜所含的木瓜酵素能促进肌肤代谢，帮助溶解毛孔中堆积的皮脂及老化角质，让肌肤显得更明亮、更清新。常吃木瓜牛奶，不仅可调经益气，滋补身体，更能让肌肤呈现纯净、细致、清新健康的外观。

从搅拌机中倒出木瓜牛奶时可先过滤一下，因为木瓜纤维放久了会产生沉淀，影响口感。

木瓜综合果汁

原料：

木瓜 100 克，香蕉 1/3 根，柳橙 1/2 个，牛奶 150 毫升，凉开水 50 毫升，冰块适量

制作：

1. 木瓜去籽挖出果肉。
2. 香蕉剥皮，柳橙削去皮剔除籽，备用。
3. 把准备好的水果放进打碎机内，加入牛奶、凉开水，搅拌打匀后即可倒入装有冰块的杯中。连冰块一起搅打也可。

TIPS:

木瓜中的 β－胡萝卜素结合香蕉的维生素 E，可帮助解毒、纾解头痛，还有助于改善视力、皮肤发痒、头发掉落等恼人问题，比吃药更自然健康，又无副作用。

奇异果豆浆能量饮

原料：

黑豆浆 1 杯，甜橙一个，奇异果 2 个，糖水 2 大勺（可以用蜂蜜水替代）。

制作：

1. 将甜橙榨汁备用。
2. 奇异果洗净后，去皮切块。
3. 将奇异果块与甜橙汁及其他原料混合在打碎机中，高速搅打 30 秒，即可饮用。

TIPS:

大豆中蛋白质含量高达 36%~40 %，相当于肉类的 2 倍、鸡蛋的 3 倍、牛奶的 12 倍；黑豆含有 18 种氨基酸，19 种油酸等。经常食用豆类食品，能软化血管、补肾、润肤、延缓衰老。

这款饮料含有纤维、蛋白质和丰富的营养元素，是最适合运动归来喝的饮料，能满足身体的需要。奇异果籽内含有丰富维生素 E, 搅拌机打碎后与牛奶中的脂肪混合令果内的维生素 E 能更好地吸收，牛奶中的蛋白质与维生素 E 对增加皮肤的弹性有益，还能帮助美白。而且奇异果所含热量很低，多吃不用担心发胖！

爱尔兰冰奶茶

原料：

红茶1包，开水250毫升，牛奶50毫升，苏格兰威士忌10毫升，冰糖少许，打发奶油少许，冰激凌球1个

制作：

1. 将冰糖和威士忌放入茶杯中。
2. 杯中倒入牛奶。
3. 用开水将红茶冲泡好。
4. 将冲好的红茶也倒入杯中。
5. 在杯上面再挤一点奶油，最后放上冰激凌球。

乌龙奶茶

原料：

乌龙茶50毫升，牛奶30毫升，鲜奶油20毫升，红石榴糖水20毫升，糖水20毫升

制作：

将上述原料放入摇杯里摇匀即可。

TIPS:

摇晃时要使原料充分混合，乌龙茶和鲜奶油以及牛奶的组合，能创造出非常顺滑的口感。

美味椰奶

原料：

椰子1个，牛奶500克，糖适量

制作：

1. 把喝掉椰汁后的空椰壳砍开，把椰肉都取出来，切小块，放搅碎机中绞碎。

2. 将牛奶放在火上煮开，加入绞碎的椰肉。熬煮的过程中要不断搅拌，免得煳锅底。

3. 煮好后过滤，加入适量糖，即可饮用。

香浓奶香玉米汁

原料：

甜玉米 3 个，清水 500 毫升，白糖 30 克，三花淡奶 100 毫升

制作：

1. 将甜玉米去皮洗净后，用刀顺着玉米棒将玉米粒切下来。
2. 把玉米粒倒入锅中，加入清水，大火煮开后撇去浮沫，改成中小火继续煮 10 分钟左右。
3. 将玉米和汤一起倒入搅拌机中，搅打呈茸状。
4. 将打好的玉米茸过筛，用勺子按压漏网中的玉米茸，使玉米汁尽量多地过滤出来。
5. 最后在玉米汁里加入白糖和三花淡奶搅匀即可。

TIPS：

①建议最好使用甜玉米，因为甜玉米中的水分较多，而且口感偏甜，可以减少糖和淡奶的用量。

②如果没有淡奶，加入牛奶也可以，只是味道会差一些，也会缺少浓香的味道。

草莓牛奶冰饮

原料：

草莓汁 5 毫升，牛奶 60 毫升，冰块少许

制作：

把草莓汁和牛奶混合，加入冰块即可。

TIPS:

牛奶内含丰富的蛋白质和磷质以及维生素 C、维生素 D 等多种营养成分，尤其与新鲜草莓混合饮用，可加快体内的新陈代谢，使肌肤变得白嫩而细腻，富有弹性。

草莓冰沙

原料：

冰块 10 块，糖水 15 毫升，鲜草莓 10 粒，水 30 毫升，薄荷叶 2 片

制作：

1. 在搅拌机中加入所有原料，搅拌均匀。

2. 倒入杯中，用鲜草莓果粒、薄荷叶装饰即可。

TIPS：

购买草莓的时候要挑选色泽鲜亮、颗粒圆整、蒂头叶片鲜绿的。颜色发白或发青都表明果实未熟。如果有白斑或灰斑，说明存在病害。那种个头特别大、奇形怪状的多是用了激素，尽量不要购买。

清洗草莓时，先用自来水不断地冲洗，再用淡盐水或淘米水浸泡 5 分钟。淡盐水可以杀灭草莓表面残留的有害微生物；淘米水呈碱性，可促进呈酸性的农药降解。清洗时先摘掉叶子，但注意千万不要把草莓蒂摘掉。去蒂的草莓若放在水中浸泡，残留的农药会随水进入果实内部，造成更严重的污染。另外，也不要用洗涤灵等清洁剂浸泡草莓，这些物质很难清洗干净，容易残留在果实中，造成二次污染。

超级芒果爽

原料：

牛奶100毫升，冰块10块，炼乳1勺，芒果冰激凌1个，芒果1个。

制作：

1. 芒果去皮，取芒果肉切小丁。

2. 在搅拌机中加入牛奶、冰块、炼乳、芒果冰激凌、芒果肉，搅拌均匀，倒入杯中即可。

咖啡冰沙

原料：

咖啡 100 毫升，炼奶 25 毫升，牛奶 50 毫升，冰块 10 块

制作：

1. 将咖啡与炼奶调匀倒入搅拌机中，然后加入牛奶以及冰块（最好是较小或碎的冰块）。

2. 启动果汁机，将其搅拌至冰块完全打碎即可。

TIPS：

因为搅拌程度的关系，若时间过久会变成冰与水完全分离的情形，所以一定要注意，一旦搅匀就要把机器关掉。

可可沙冰

原料：

巧克力粉 40 克，巧克力酱 10 克，鲜牛奶 100 毫升，糖浆和冰块各适量

制作：

将所有原料都放在搅拌机中搅拌即可。

TIPS:

冰沙和沙冰的大致区别，就是冰沙的冰粒更细，口感更爽滑；而沙冰则相反，要有一点点嚼冰的感觉。

柳橙冰沙

原料：

柳橙酱10毫升，柳橙1个，牛奶100毫升，炼奶25毫升，冰块10块

制作：

1. 柳橙去皮，切小块。
2. 将所有原料都倒入搅拌机中。
3. 启动搅拌机，将其搅拌至冰块完全打碎即可。

蜜桃雪葩

原料：

蜜桃 2 个，冰块 1 碗，蜜桃浓缩汁少许

制作：

1. 先把蜜桃洗干净后削去果皮，切成小块。

2. 将蜜桃块和冰块以及蜜桃汁一起用搅拌机搅打均匀即可。

TIPS：

仅用蜜桃和冰块做出来的效果比较清淡，所以要加些蜜桃浓缩汁或蜜桃果汁一同搅打。这样味道会更浓郁。

家庭制作可以稍微添加些水一同搅打，或把冰块凿碎再放入搅拌机中搅打，防止黏成一团。

芒果雪泥

原料：

芒果 250 克，糖水 10 克，柠檬汁 5 毫升，冰块 50 克，凉开水 100 毫升

做法：

1. 将芒果洗净后去皮，切成小丁。

2. 将芒果丁放入保鲜盒冷冻半天以上，制成芒果肉冻。

3. 将芒果肉冻与其余原料一起放入果汁机中搅打成泥状即可。

抹茶星冰乐

原料：

冰块 200 克，牛奶 130 毫升，抹茶粉 10 克，糖粉 15 克，淡奶油适量

制作：

1. 将冰块放入搅拌机中，加入牛奶，依自己喜好调节牛奶的量，以不没过冰块为宜。

2. 加入抹茶粉和糖粉，依自己喜好增减糖粉量。

3. 用搅拌机将原料搅拌成冰沙。

4. 将淡奶油用电动打蛋机打发后装入裱花袋挤在沙冰上。

清凉薄荷冰

原料：

薄荷糖浆 10 毫升，柠檬汁 5 毫升，牛奶 100 毫升，炼奶 25 毫升，冰块 10 块

制作：

1. 将所有原料都倒入搅拌机中。

2. 然后启动搅拌机，将其搅拌至冰块完全打碎即可。

西瓜冰

原料：

西瓜 1 000 克，糖粉 15 克

制作：

1. 西瓜去皮、去籽，取果肉，切成小块。

2. 将切好的西瓜块和糖粉放入搅拌机中，一起搅打成果泥。

3. 将搅打好的果泥倒入一个浅底容器中。将容器移入冰箱冷冻室冷冻，每隔 1 小时将容器上层已经凝结的冰沙用勺子划到一边，直到全部制成冰沙为止。

TIPS:

果泥一定要搅打得细腻一些，这样做好的冰沙色彩和口感才均匀。

黄桃菠萝优酸乳

材料：

黄桃（罐头）2 片，凤梨 20 克，酸奶 200 毫升，冰块 3 块，炼乳 1 勺

制作：

在搅拌机中放入黄桃、凤梨、酸奶、冰块、炼乳，搅拌均匀，倒入杯中即可。

蓝莓奶昔

原料：

新鲜蓝莓 100 克，鲜柠檬汁 1/4 杯，香草冰激凌 1 杯，牛奶 1/4 杯

制作：

将原料都倒入搅拌机中搅拌均匀后，倒入玻璃杯中即可饮用。

甜橙猕猴桃奶昔

原料：

脱脂酸奶 1 杯，甜橙 1 个，猕猴桃 2 个，蜂蜜 2 勺

制作：

1. 先将甜橙榨好汁备用。
2. 猕猴桃洗净后，去皮切块，与其他材料混合在搅拌机中，高速搅打 30 秒，即可饮用。

樱桃奶昔

原料：

樱桃 75 克，牛奶 30 毫升，冰激凌 120 克，樱桃酒 30 克

制作：

1. 樱桃去核，加 80 克冰激凌和 30 毫升牛奶，用食物调理机打成奶昔。
2. 将樱桃酒倒入杯中，放入余下的 40 克冰激凌。
3. 将奶昔倒入杯中即可饮用。

TIPS：

买樱桃时应选择沉重、有光泽、色鲜且梗青的。挑选时千万不要用力捏，不然娇弱的樱桃很容易受伤。在保存方面，新鲜的樱桃一般可保存 3~10 天，但不宜存放过久。樱桃非常怕热，要在零下 1℃的冰箱里储存。

樱桃是公认的美容佳品，它还有一个重要功效：能缓解常用电脑者的不适症状。因其含铁量居水果之首，而铁又是血红蛋白的原料，非常适合受到电脑辐射影响的女性食用。但樱桃不能多吃，因为它除了含铁多以外，还含有一定量的氰甙，食用过多会引起铁中毒或氰化物中毒。

香蕉奶昔

原料：

香蕉 2 个，鲜牛奶 1 袋（245 毫升），冰激凌球 1 个，冰块 5 块

制作：

1. 将香蕉剥去皮，切成小段。

2. 将香蕉和鲜牛奶、冰激凌、冰块一起放入搅拌机中搅拌。当液体变得浓稠即可倒出装杯食用。

漂浮可乐

原料：

可乐 1 听，冰块 10 块，冰激凌球 1 个

制作：

1. 把可乐倒入杯中，放入冰块。
2. 用挖勺挖 1 个冰激凌球，使之悬浮于可乐之上。

冰巧克力

原料：

冰块8块，巧克力冰激凌球1个，巧克力酱30毫升，牛奶150毫升，奶油适量

制作：

1. 在搅拌机中加入冰块、巧克力冰激凌球、巧克力酱、牛奶，搅拌均匀倒入杯中。

2. 挤入奶油，用巧克力酱装饰即可。

原料：

苹果1个，脱脂酸奶60毫升，蜂蜜30毫升，凉开水80毫升，碎冰100克

制作：

苹果去皮、去核后切小块，与其他原料放入果汁机中搅打30秒即可。

草莓棉花糖酸奶杯

原料：

酸奶 1 杯，鲜奶油半杯，糖适量，棉花糖 5~10 粒，草莓 5~10 颗

制作：

1. 将草莓洗干净，切成块状，大小随意。
2. 奶油打发到半流动状态。
3. 将以上原料混合在一起。可以放在红酒杯里吃，还可在搞家庭聚会时，将配方放大数倍，所有原料搅拌在一起，盛放在一个大碗状玻璃容器里，客人可随吃随舀。

番茄酸奶杯

原料：

番茄（较大）1个，[illegible]

制作：

1. 番茄顶部用小刀[illegible]烫一下，去掉外皮。
2. 将去皮的番茄块放入搅拌机中，搅拌成番茄泥。
3. 再与酸奶搅拌在一起即可。

TIPS：

铁是预防和改善贫血所不可缺少的成分，如果和维生素C一起摄入，则更易被人体吸收。番茄中含有大量的维生素C，因此能提高铁的吸收率，食物中的铁吸收了，才能达到补血的目的。把番茄和酸奶搭配在一起榨出的番茄酸奶汁是提高体内铁元素吸收的良好来源。而且，如果将酸奶中的钙和番茄中所含的镁搭配在一起食用，比单独喝酸奶效果更好。酸奶的种类繁多，为了避免糖分摄取过量，最好选择无糖的原味酸奶。

绿茶酸奶

原料：

绿茶粉1勺，酸奶1杯

制作：

将绿茶粉加进酸奶中，搅拌均匀即可。

TIPS：

此饮品最好在餐前1~2小时服用。减肥心切的人可以此代替三餐。乳酸菌令牛奶中的乳糖转化而令人体容易吸收，并且有益于肠道有益菌群的繁殖，丰富的钙质补充人体每日所需；在餐前饮用令胃部有饱腹感，自然达到节食效果，且还不会营养失衡。

什锦水果酸奶拌

原料：

奇异果 1 个，草莓 2~3 颗，橙子 1 个，酸奶一盒

制作：

1. 各种水果切小粒。

将各种水果粒倒入酸奶中拌匀，放入冰箱中冷藏 10~20 分钟即可食用。

TIPS:

酸奶究竟什么时候喝最好呢?

①肠胃不好的人，不要喝太冰的酸奶，否则对胃肠道的刺激太大，不利于健康，可以先从冰箱中取出一会儿再喝。

②饭后 30 分钟到 2 个小时之间喝酸奶，对酸奶中的营养吸收最有利。

③空腹不要喝酸奶，很容易刺激胃肠道排空，使酸奶中的营养来不及彻底消化吸收就被排出。

④晚上喝补钙效果最好，晚上 12 点到凌晨是人体血钙含量最低的时候，有利于食物中钙的吸收。

⑤因为酸奶中含有的酸性物质对牙齿有一定的损害，喝完后要及时漱口。

自制冰激凌

原料：

淡奶油 200 毫升，牛奶 400 毫升，鸡蛋 2 个，砂糖 150 克

制作：

1. 将蛋黄和蛋白分离，留下蛋黄，蛋白可以做其他之用。

2. 在蛋黄中加入砂糖，用电动打蛋器打发蛋黄，至浅黄色。

3. 将牛奶加热到约 80℃，不要沸腾。

4. 在牛奶中慢慢地倒入搅拌好的蛋黄液，边搅拌边用小火煮，不要让蛋奶糊沸腾，约煮到 85℃即可。如果没有温度计，可以用一个木勺在蛋奶糊中搅拌一下，如蛋糊可以黏在勺背上，而且用手指划过勺背留下一条清晰的沟，就表示已经煮好了。将煮好的蛋糊连同煮锅一起放入冷水中降温，边降温边搅拌，这样温度可以比较快而均匀地降下来。

5. 另取一个盆，将淡奶油倒入，并打发到七成。

6. 将冷却好的淡奶糊混入打发过的淡奶油中。

7. 将冰激凌糊放入冰箱中冷冻，每隔半小时取出搅拌一下，直到冰激凌完全冷冻。最好将冷冻的冰激凌室温软化后多次用打蛋器打发，这样空气进入得比较多，冰激凌会更蓬松。

TIPS：

在这个原味蛋奶冰激凌基础上，可以做成各种口味的冰激凌：比如加抹茶粉变成抹茶冰激凌；加蓝莓酱变成蓝莓冰激凌；加草莓酱变成草莓冰激凌；加巧克力酱变成巧克力冰激凌。百变冰激凌，就这么简单！

水果圣代杯

原料：

什锦水果若干，冰激凌 1 大勺，奶油少许，巧克力酱适量

制作：

1. 将水果切小粒垫在高脚杯里。
2. 奶油打发好后淋上一些。
3. 最后用冰激凌球勺取一大勺冰激凌放在水果丁上，用巧克力酱和水果花装饰一下。

TIPS：

“圣代”（sundae）的名称起源于美国，威斯康星州认为星期日为安息日，不允许出售冰激凌，冰激凌商便将果浆、水果等覆盖在冰激凌上，以英文星期日的字音取名为圣代，即水果冰激凌。

香蕉船

原料：

香蕉 1 根，冰激凌球 3 个，打发奶油少许，果仁碎少许，巧克力酱少许，装饰用红樱桃若干颗

制作：

1. 香蕉对半切，做成船形。
2. 将冰激凌用冰激凌挖球勺挖成球状。
3. 每个冰激凌球上面挤几朵奶油花，并且用红樱桃装饰。
4. 将巧克力酱淋在冰激凌上。
5. 撒一些开心果或其他坚果的果仁碎装饰。

TIPS：

①在器皿的选择上，如果用船形的盘子来盛香蕉船是最好的，形状比较好控制。

②可以再取些香蕉、芒果等各式水果切成小粒放在香蕉船里一同食用，味道会更好。

杨枝甘露

原料：

芒果2个，柚子1/8个，椰浆30毫升，淡奶30毫升，冰糖15克，水100毫升

制作：

1. 芒果洗净后，顺着果核的两侧切成两半，用刀尖沿着果皮把果肉取出，切成条状。

2. 取一小汤锅，加入水和冰糖，用小火熬成冰糖水后晾凉。

3. 柚子去皮，剥成粒。

4. 把切好的芒果条放入搅拌机中，加入一半的晾凉的冰糖水（1/2的量），打成稍微浓稠的糊状。

5. 在打好的芒果糊里，加入椰浆、淡奶、剥好的柚子粒和剩余的一半冰糖水，搅拌均匀，放入冰箱冷藏即可。

奇异果清凉美白汁

原料：

猕猴桃 1 个，苹果 2 个，薄荷叶少许，蜂蜜适量

制作：

1. 猕猴桃洗净、去皮，切成小块。

2. 苹果洗净，去掉果核，切小块。

3. 把洗干净的薄荷叶以及切好小块的苹果、猕猴桃一同放入果汁机里榨汁。

4. 适个人口味添加蜂蜜。

TIPS:

奇异果，又名猕猴桃。它含有丰富的维生素 C、维生素 A，可美白并减少皱纹。还含有钾、镁、纤维素以及其他水果比较少见的营养成分——叶酸、β－胡萝卜素、钙、黄体素、氨基酸、天然肌醇。因此，它的营养价值远超过其他水果。

山竹火龙果汁

原料：

山竹3个，火龙果1个

制作：

1. 火龙果去皮，切块。
2. 山竹去皮。
3. 把原料放在榨汁机中榨汁即可。

TIPS:

火龙果营养丰富，功用独特，对人体健康有相当不错的功效。它含有一般植物少有的植物性白蛋白，对重金属中毒具有解毒的作用。此外，它还有一种更为特殊的成分——花青素。花青素具有抗氧化、抗自由基、抗衰老的作用，还能抑制痴呆症的发生。同时火龙果还含有美白皮肤的维生素 C 以及具有减肥、降低血糖作用的丰富的水溶性膳食纤维。

山竹酸甜可口、营养丰富，抗氧化作用极强，被誉为果中皇后。

葡萄桑葚

原料：

桑葚若干，蜂蜜适量，葡萄若干粒，白糖适量

制作：

1. 将葡萄榨汁，过滤备用。
2. 将桑葚洗净用淡盐水泡一会儿，再用流动的水冲净，榨汁待用。
3. 将葡萄汁与桑葚汁混合在一起。
4. 最后放入蜂蜜拌匀即可。

TIPS：

桑葚具有生津止渴、促进消化、帮助排便等作用，适量食用能促进胃液分泌，刺激肠蠕动及解除燥热。

番茄蜜汁

原料：

番茄 2 个，蜂蜜适量

制作：

1. 番茄洗净、去皮、切块，放入榨汁机中榨汁。

2. 在番茄汁中加入蜂蜜，搅拌均匀后即可饮用。

TIPS：

做出好喝蔬果汁的诀窍：

①要选用当季的新鲜水果。

②尽量切成小块，这样方便搅打。

③蔬果一定要清洗干净，用少量淘米水浸泡 3~5 分钟再以清水冲洗，将有助于去除农药。

④蔬果汁一定要现打现喝，若放置过久，与空气接触后会产生氧化，造成营养流失。

番茄橙汁

原料：

番茄2个，橙子1个，蜂蜜和冰块各适量

制作：

1. 番茄洗净、去皮、切块，放入榨汁机中榨汁。

2. 橙子去皮，切块，放入榨汁机中榨汁。

3. 将榨好的番茄汁和橙汁倒入同一个杯子中。

4. 加入蜂蜜和冰块，搅拌均匀后即可饮用。

番茄甘蔗柳橙汁

原料：

甘蔗 500 克，番茄 300 克，柳橙 200 克

制作：

1. 把甘蔗放入榨汁机中榨汁。

2. 番茄洗净后切块，榨汁。

3. 柳橙去皮后切块，榨汁。

4. 将番茄汁和柳橙汁混入甘蔗汁中即可。

TIPS:

甘蔗汁多味甜，营养丰富，被称作果中佳品。我国古代医学家还将甘蔗列入“补益药”。中医认为，甘蔗入肺、胃二经，具有清热、生津、下气、润燥、补肺益胃的特殊效果。甘蔗可治疗因热病引起的伤津，心烦口渴，反胃呕吐，肺燥引发的咳嗽气喘。此外，甘蔗还可以通便解结，饮其汁还可缓解酒精中毒。

西瓜雪梨莲藕汁

原料：

雪梨、苹果各2个，莲藕250克，西瓜1/2个

制作：

1. 将西瓜、苹果、莲藕、雪梨洗净，切小块。

2. 将原料放在榨汁机中榨成汁即可。

TIPS:

这款饮品可补充肌肤水分，清热解毒，除烦解燥。具有生津、凉血、散淤、补脾、开胃、止泻的功效。对咽喉疼痛、口疮、肝炎、便秘有缓解功效。

西瓜蜜桃汁

原料：

西瓜100克，水蜜桃100克，柠檬汁和蜂蜜少许

制作：

1. 西瓜去皮、去籽，切小块。

2. 水蜜桃去核，切小块。

3. 将水果块放入榨汁机中榨汁，适个人口味加入柠檬汁和蜂蜜搅拌均匀。

TIPS:

西瓜可清热解暑，除烦止渴。其中含有大量的水分，其新鲜的汁和鲜嫩的瓜皮可以增加皮肤弹性，使人变得更年轻，减少皱纹，增添光泽。

水蜜桃肉甜汁多，含丰富铁质，能增加人体血红蛋白数量，古人相传常吃桃子能“益颜色”。

菠萝西瓜汁

原料：

菠萝、西瓜各200克，柠檬1/2个，蜂蜜适量

制作：

1. 菠萝去皮，取肉切小块。

2. 西瓜去皮、去籽后切小块。

3. 柠檬洗净，去皮、去籽后切小块。

4. 将上述材料放入榨汁机中榨汁，然后加入蜂蜜，搅拌均匀后饮用。

苹果胡萝卜芹菜汁

原料：

苹果 1 个，胡萝卜 1 根，芹菜 1 棵

制作：

1. 苹果洗净去核，切成小块。
2. 胡萝卜洗净，切成小块。
3. 芹菜洗净，切成段。
4. 将原料一起放入榨汁机中榨汁。

TIPS：

这款饮品能生津止渴、健胃消食、凉血平肝、清热解毒，还能补充维生素和矿物质，提高免疫力。